中国科学院生物与化学专家 胡苹 编著

星蔚时代 编绘

哈！

看得见的

生物

人体中的
冒险

中信出版集团 | 北京

图书在版编目（CIP）数据

人体中的冒险 / 胡苹编著；星蔚时代编绘 . -- 北
京：中信出版社，2024.8
（哈！看得见的生物）
ISBN 978-7-5217-6633-2

Ⅰ .①人… Ⅱ .①胡…②星… Ⅲ .①人体－儿童读
物 Ⅳ .① R32-49

中国国家版本馆 CIP 数据核字 (2024) 第 103665 号

人体中的冒险
（哈！看得见的生物）

编 著 者：胡苹
编 绘 者：星蔚时代
出版发行：中信出版集团股份有限公司
　　　　　（北京市朝阳区东三环北路27号嘉铭中心　邮编100020）
承 印 者：北京瑞禾彩色印刷有限公司

开　本：889mm × 1194mm 1/16　　　印　张：3　　　字　数：130千字
版　次：2024年8月第1版　　　　　　 印　次：2024年8月第1次印刷
书　号：ISBN 978-7-5217-6633-2
定　价：88.00元（全4册）

出　品：中信儿童书店
图书策划：喜阅童书
策划编辑：朱启铭 史曼菲
责任编辑：王宇洲
特约编辑：范丹青 杨爽
特约设计：张迪
插画绘制：周群诗 玄子 皮雪琦 杨利清
营　销：中信童书营销中心
装帧设计：佟坤

目录

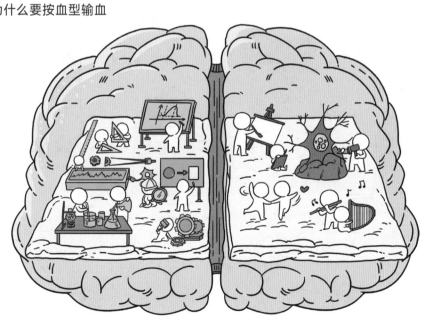

人类从何而来

史前人类的生活

当古代类人猿演变成直立人之后，直立人便开始了探索世界的旅程。那时的古大陆彼此相连，所以直立人的后代得以遍布世界。在这个过程中，直立人还演变出尼安德特人和智人，在很长的一段时间里直立人、尼安德特人和智人同时生活在地球上。

强壮的尼安德特人

尼安德特人是曾经生活在欧洲的古人类，他们依靠强壮的体魄度过了地球上漫长的寒冷时期，一度成为种群数量较多的古人类分支。

但是研究表明尼安德特人的寿命并不长，这可能与他们的生活方式有关。他们擅长依靠体能来捕猎，但是在狩猎的过程中避免不了受伤，这在一定程度上使得尼安德特人的种群数量下降。

尼安德特人

投矛器

考古学家发现过一些有趣的智人发明，比如这种投掷长矛的工具。它可以把矛扔得更远，可以实现更安全的狩猎。

依靠智慧生活的智人

智人也是一种成功度过了寒冷时期的史前人类，但是在这一时期，他们的数量曾经大量缩减。他们没有尼安德特人那样强壮的身体，所以他们会聚集在一起生活，形成聚落。智人制造出了更多的工具来帮助狩猎，从而在狩猎过程中拥有更高的生存率，逐渐成为地球上的优势物种。

智人会选择山洞作为居住的场所，他们共同劳作，过着集体生活。

智人

北京猿人

在北京的周口店发现过北京猿人头盖骨化石，它们的出现填补了当时古人类研究的空白，成为人类是由古代类人猿演变而来的重要证据。

智人会在河边寻找合适的石头作为工具。

他们在生存竞争中失败，灭绝了。

太可惜了。看来人类最终成功的关键是拥有越来越高的智慧。

智人成了现代人类的祖先，那尼安德特人呢？

是的。不过你也不用太伤心，科学家发现一些现代人的基因中还有尼安德特人的"影子"，说明他们中有一部分与智人生活在一起，基因得以延续。

宝宝诞生的秘密

我知道人类是如何演化而来的了，那人类的宝宝又是怎么来的呢？

其实人类生宝宝的过程并不复杂，和很多生物都类似。

真的吗？

雄蕊
雌蕊

睾丸

许多生物的繁殖都是通过精子、卵子结合产生受精卵的方式来繁殖的，比如我们知道的被子植物。

人类通过生殖器官来产生精子和卵子。男性的主要生殖器官是睾丸，产生精子。女性的主要生殖器官是卵巢，产生卵子。

输卵管
卵泡
卵子
卵巢
子宫
阴道

这就是人类的精子和卵子。

卵子

精子

它们看起来还挺可爱，精子就像个小蝌蚪。

顺便告诉你，睾丸和卵巢分别能产生雄性激素和雌性激素，这些激素让男性和女性在生长中产生了不同的特点。

那精子和卵子是怎么变成小宝宝的？

当宝宝的父母有一天很亲密地在一起时，生命诞生的奇迹就开始了。

精子进入母亲体内后就会开始它的旅程，它要经过阴道，游过子宫进入输卵管去寻找卵子。

快到了吧？

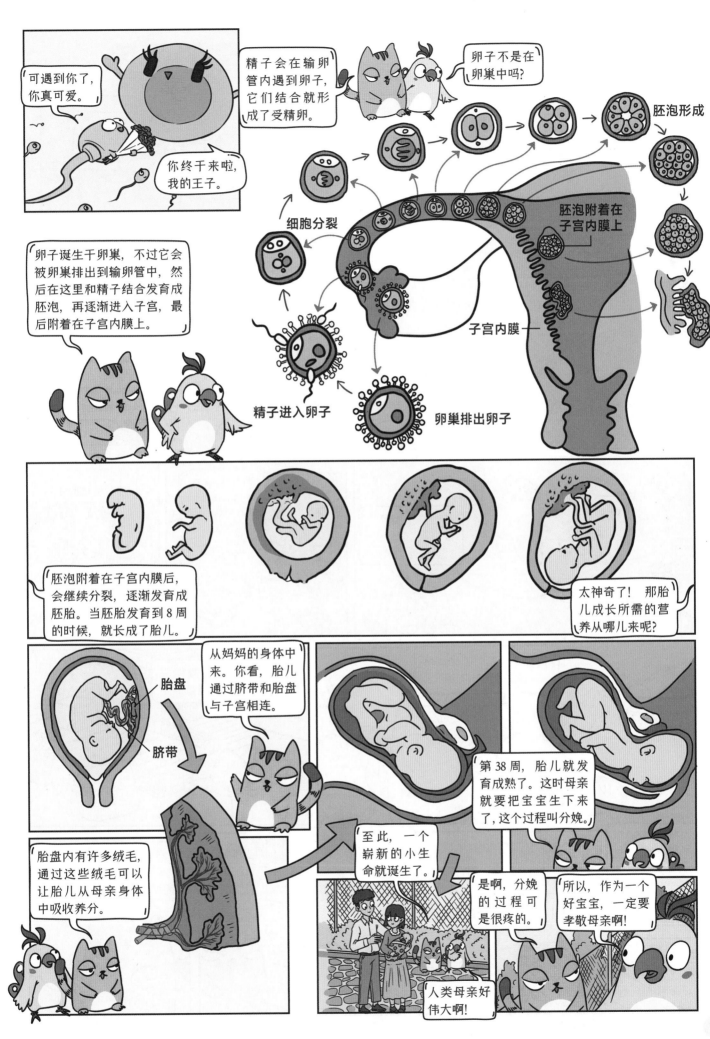

人体所需的营养

看你脸色不好，你最近有好好吃饭吗？

吃得不少啊，你看包装还在那边。

你吃的都是什么啊！光吃这些怎么能让身体健康啊！

食物，不都是一样的吗，吃饱就好了吧。

这可不对，生物维持正常的身体机能需要多种营养物质呢。

因为在人体的新陈代谢中，它们都有各自的作用。

有糖类、脂肪、蛋白质、水、无机盐和维生素。

都有啥？

为什么有这么多种呢？

糖类是人体新陈代谢所需的最主要的"燃料"。

馒头
糖
米饭
面包

人体就是通过呼吸作用分解糖类来获得能量的。

如果人体缺少了糖类就会出现头晕、虚弱等症状。严重时甚至需要静脉注射葡萄糖。

我还以为脂肪是人类的能量来源呢，因为好像人在饥饿时就会变瘦。

那是因为脂肪是人类的备用能量源。

原来是这样。

这些食物中含有的油脂或脂肪比较多。

大豆

肉

花生

食用油

看来你吃了不少脂肪呢。

这些食物中富含蛋白质。蛋白质不仅可以在必要时为身体提供能量，还可以在生长发育中发挥更重要的作用。

鱼

豆腐

鸡蛋

蛋白质作为生命生长所需的原材料，人体可以用它来修复细胞，制造许多人体必需的物质。

无机盐的种类就更多了，它们的作用各不相同。比如一些含有钙元素的无机盐，人体需要用它们来构成骨骼。

牛奶不仅富含蛋白质，还富含钙元素。所以平时要多喝牛奶来补钙呀！

水的作用就更重要了。水可占人体体重的60%～70%。

剩下最后一种营养物质就是维生素了吧？

没错，但维生素是最容易被人们忽略的营养物质，它们大多存在于水果、蔬菜中，是一类比较简单的有机物。

虽然维生素种类不多，但大多是人体无法合成的物质，只能靠食物摄取。

发现维生素的故事很有趣。过去人们在长时间航海时，水手往往会患上坏血病。但是船靠岸后这些病人很快就康复了。一位船医发现水手在海上很难吃到水果和蔬菜，后来航海时，他让船员定期吃一些柑橘，就没有人生这种病了。

我明白了！饮食选择要种类丰富，营养均衡才不会生病。我要好好吃饭了。

这才对嘛。

食物在人体中的历险

你的饭量这么大，还吃这么快呀。

我还想出去玩呢，现在多吃点东西，为了一会儿不饿。

反正食物就是为身体提供营养的嘛，吃进去就好了。

你这样狼吞虎咽，不仅营养难吸收，还可能会伤害消化器官呢。

吃进去的食物不能被吸收吗？

充分的消化吸收是需要时间的。

我们摄入的营养是提供给细胞的。

不过你吃下的食物对于细胞来说太过巨大了。要经过消化系统的处理、分解，才能被细胞吸收。

食物要经历很多消化过程才能变成营养物质呢。

糖类

蛋白质

这是人类的消化系统，食物就是经过这些器官的消化才转变为人类所需的营养的。

感觉很有趣啊，给我讲讲吧！

那我们就跟随食物去看看人体的消化过程吧。

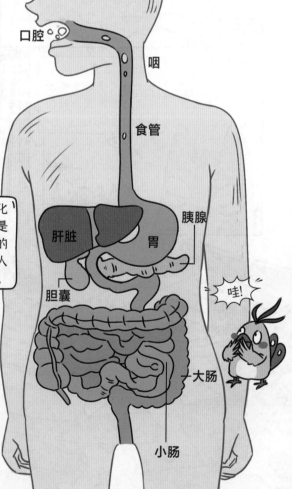

口腔

咽

食管

肝脏

胰腺

胃

胆囊

哇！

大肠

小肠

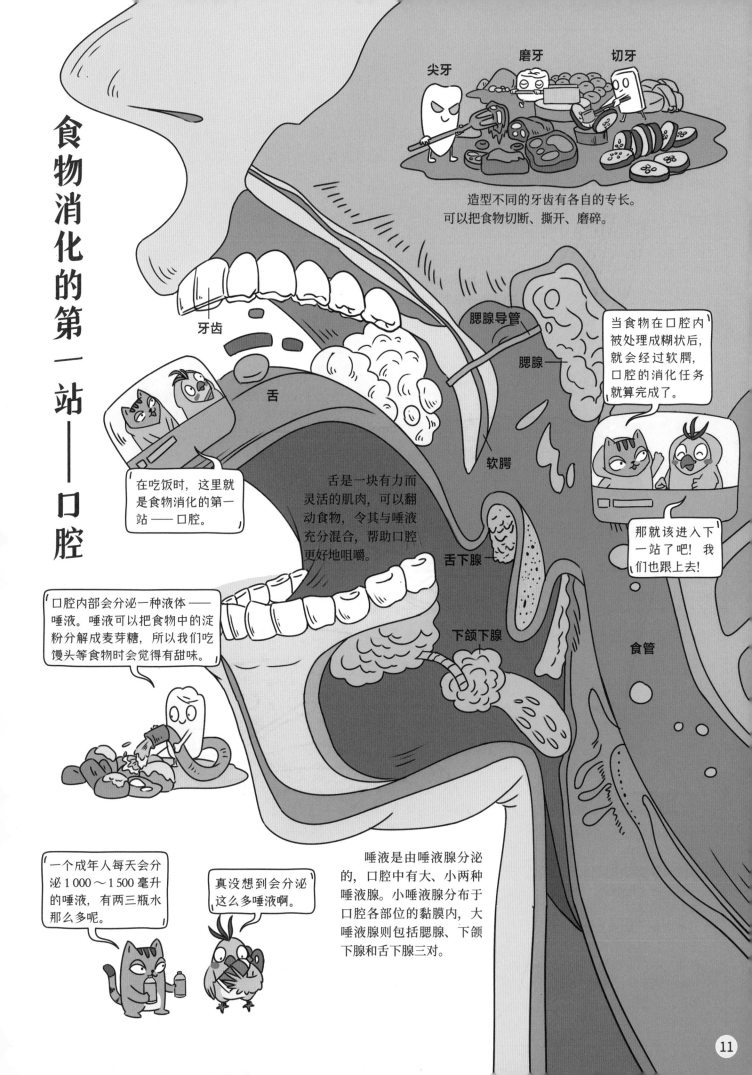

食物消化的第一站——口腔

尖牙　磨牙　切牙

造型不同的牙齿有各自的专长。
可以把食物切断、撕开、磨碎。

牙齿

舌

腮腺导管

腮腺

软腭

舌下腺

下颌下腺

食管

当食物在口腔内
被处理成糊状后，
就会经过软腭，
口腔的消化任务
就算完成了。

那就该进入下
一站了吧！我
们也跟上去！

在吃饭时，这里就
是食物消化的第一
站——口腔。

舌是一块有力而
灵活的肌肉，可以翻
动食物，令其与唾液
充分混合，帮助口腔
更好地咀嚼。

口腔内部会分泌一种液体——
唾液。唾液可以把食物中的淀
粉分解成麦芽糖，所以我们吃
馒头等食物时会觉得有甜味。

一个成年人每天会分
泌1 000～1 500毫升
的唾液，有两三瓶水
那么多呢。

真没想到会分泌
这么多唾液啊。

唾液是由唾液腺分泌
的，口腔中有大、小两种
唾液腺。小唾液腺分布于
口腔各部位的黏膜内，大
唾液腺则包括腮腺、下颌
下腺和舌下腺三对。

食物消化的第二站——胃

当食物被咀嚼咽下，通过咽喉，就进入了食管。食管会把糊状的食物送入消化的第二站——胃。你知道吗？胃不仅仅能消化食物，还是保护你身体健康的一道关卡。

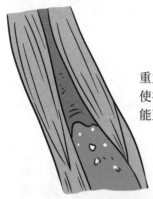

食管是通过肌肉运动而不是重力将食物向下传递的，所以即使在没有重力的太空，航天员也能正常进食。

胃是食物进行加工和暂时储存食物的地方，胃的前端由贲门与食管相连，末端由幽门与十二指肠相连。胃的内部布满黏膜，这些黏膜表面"崎岖不平"，如同丘陵山洼。黏膜表面可以自由伸缩，这样在消化食物时可以扩大与食物的接触面积。

酸性的胃液

化学上，我们用 pH 来衡量酸碱性，它的范围是 1 ～ 14，常温下，pH 是 7 时为中性，数值越小酸性越大，数值越大碱性越大。胃液的 pH 为 0.9 ～ 1.5，具有很强的酸性。

消化的好帮手——肝

在胃的旁边还有一位"好邻居"——肝，它也是消化系统的重要组成部分。肝是人体中最大的腺体，虽然食物不会通过肝，不过它具有很多功能，其中之一就是分泌胆汁。胆汁具有帮助脂肪吸收，中和胃酸的功能。肝分泌的胆汁会在胆囊内浓缩、储存，再送往十二指肠。

胃的外面由胃壁包裹，从外到内有浆膜层、肌层、黏膜下层和黏膜层。胃壁可以保证酸性的胃液不会伤害到身体。

强酸环境很适合胃蛋白酶工作，它们可以把食物中的蛋白质分解。同时强酸的环境可以杀死很多从食管进入的病菌。

原来胃也是一道阻止病菌的安全关卡呢。

胃黏膜上有贲门腺、幽门腺和泌酸腺，都可以分泌胃液。胃液中含有胃蛋白酶、盐酸（胃酸）和保护胃黏膜的黏液等。

呕吐的原因

当胃中进入了一些有害物质时，胃会向大脑发送信号，让大脑指示膈肌挤压胃部，从而把食物挤回食管吐出去。这虽然是一种保护机制，但是严重的呕吐也会损害消化系统的食管和胃黏膜等。

为什么饥饿时肚子会"咕咕"叫？

胃在消化完食物后会进行排空，即通过收缩把食物排到肠道，进行下一步消化。当我们的身体需要营养时，大脑也会让空的胃进行排空的动作，所以饿的时候就能听到肚子"咕咕"叫啦。

食物消化的最长一站——肠道

食物在经过酸性"大口袋"——胃的消化后就进入了最长的消化通道——肠道。肠道主要分为小肠和大肠两个大部分。其中小肠包括十二指肠、空肠和回肠等，而大肠则包括盲肠、结肠和直肠等部分。

十二指肠

连接幽门与胃的就是十二指肠，它因为长度约有十二个手指并起来那么长而得名。它的内部会接收胰液、胃液和胆汁，是消化系统中非常重要的一段。

盘踞在一起的小肠

通过观察前面的人体结构，就会发现人的腹部都被歪歪扭扭的肠道占满了。其中，位于中心部分的一大团肠道就是小肠。因为堆叠在一起，你很难感受到小肠惊人的长度。一般成年人的小肠长度有5～7米。

如果把一个成年人的小肠全部拉直展开，可以有两层楼那么高呢。

这也太夸张了！

有点麻烦的阑尾

在小肠与大肠的连接处，可以看到一小段指状的突起，它就是阑尾。因为它的末端是封闭的，所以它并不直接参与消化过程。一些研究表明在这里的菌群可能有帮助消化的作用，阑尾作为淋巴器官也有一些免疫功能。但它也很容易引发炎症等病症，发炎时如果不及时就医甚至会危及生命。所以在吃完东西后不要马上运动，以防引发阑尾炎。

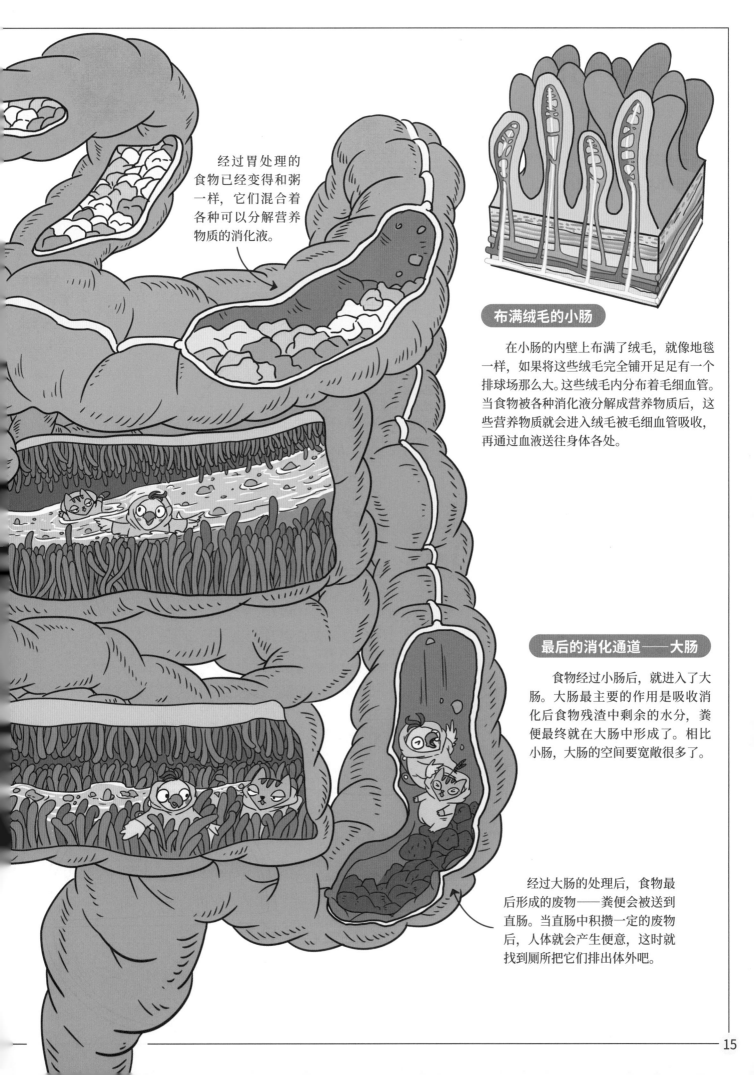

经过胃处理的食物已经变得和粥一样，它们混合着各种可以分解营养物质的消化液。

布满绒毛的小肠

在小肠的内壁上布满了绒毛，就像地毯一样，如果将这些绒毛完全铺开足足有一个排球场那么大。这些绒毛内分布着毛细血管。当食物被各种消化液分解成营养物质后，这些营养物质就会进入绒毛被毛细血管吸收，再通过血液送往身体各处。

最后的消化通道——大肠

食物经过小肠后，就进入了大肠。大肠最主要的作用是吸收消化后食物残渣中剩余的水分，粪便最终就在大肠中形成了。相比小肠，大肠的空间要宽敞很多了。

经过大肠的处理后，食物最后形成的废物——粪便会被送到直肠。当直肠中积攒一定的废物后，人体就会产生便意，这时就找到厕所把它们排出体外吧。

咀嚼食物的"神器"——牙齿

你的父母是不是从小就提醒你要用心刷牙，爱护牙齿？牙齿是人体最坚硬的地方，有了它，我们才可以应对各种各样的食物。宝贵的恒牙要陪伴我们一生，所以要精心呵护它。下面就来了解一下我们嘴巴里的这些白色小家伙吧。

分工不同的牙齿

如果你观察牙齿，会发现它们有三种样子，这三种牙齿有着各自的作用，可以让人类应对更丰富的食物。

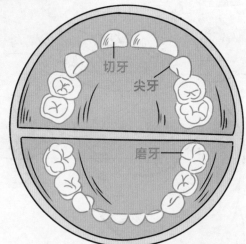

切牙

在口腔中最前面又扁又平的是切牙，上下一共有8颗，它的作用是切断食物。

认识一下恒牙

也许你正在经历换牙期，儿时陪伴你的乳牙脱落，随后就会长出恒牙。恒牙大概在14岁左右出齐，一般情况下是28~32颗，上下各14~16颗。

磨牙

磨牙又称臼齿，是数量最多的牙齿。它又宽又大像磨盘一样，用来磨碎食物。

尖牙

切牙的后面是尖牙，上下一共有4颗，尖牙可以帮助我们撕咬食物。

恒牙替代乳牙是为了适应我们长得更大的口腔。不过在换牙时，颌骨有时没有发育出足够的空间，导致恒牙长得不太整齐。

小朋友的乳牙

小宝宝一般在出生6个月后就会长出乳牙，一般到3岁前全部长齐。

切牙

尖牙

磨牙

小小牙齿的结构

牙齿虽小，但也包括很多结构。仔细了解一下，你就明白为什么它既坚固又脆弱了。

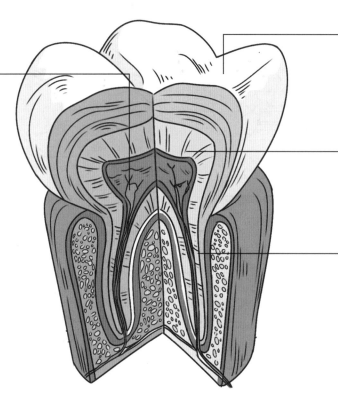

牙髓

牙髓所在的空间叫牙髓腔，其中有神经、血管和淋巴组织。

牙釉质

牙釉质是牙齿最外侧的一层，它白亮光滑，是人体最坚固的结构。

牙本质

牙齿的主体，在其内部有神经纤维。

牙骨质

淡黄色的牙骨质是与骨骼密度类似的结构。

当我们不注意清洁牙齿时，一些食物残渣会留在牙齿的缝隙中，为细菌滋生提供条件。

所以仔细刷牙很重要，牙齿被腐蚀可是没法自己修复的。

我们喝热水和冷水时，牙齿能感觉到温度，甚至被冻到牙疼。这是因为牙齿和皮肤一样也有神经。

令人烦恼的智齿

虽然人类的恒牙会在14岁左右出齐，但是有时会有一到四个迟到的选手，它们就是智齿。智齿的长出时间因人而异，大多在14到25岁长出，不过也有人一生都不长智齿。

不好意思，我长歪啦！

因为人类吃的东西越来越精细，口腔已经不需要长这么多磨牙了，牙槽骨也没有足够的长度容纳智齿，因此智齿就很容易长歪。长歪的智齿会挤压其他牙齿，令牙齿感到疼痛、发炎等，此时就只能把这些多余的智齿拔掉了。

让氧气走遍全身

那些刚跑完步的孩子，呼吸很急促呢。

当然，因为剧烈运动，他们的肺现在高负荷工作呢。

看起来，肺真的很勤劳……

它可是最重要的气体交换站。

在动物细胞中，线粒体可以分解养分来生成能量，这个过程需要氧气，还会产生二氧化碳。

如果没有氧气，这个过程就无法完成。

我们的生命活动需要能量，如果没有氧气，生命就无法延续。

肺的工作就是把氧气送入体内，再把细胞产生的二氧化碳排出体外。

我们运动得越剧烈，需要的能量越多，需要的氧气也越多，这个气体交换站就需要更努力地工作。

原来如此。那肺是怎么完成气体交换的呢？

你看，如果我们把肺放大，就会发现肺拥有着很多肺泡。这些肺泡小得几乎看不见，只能够用显微镜来观察。它们就是完成气体交换的场所。

肺泡

肺叶

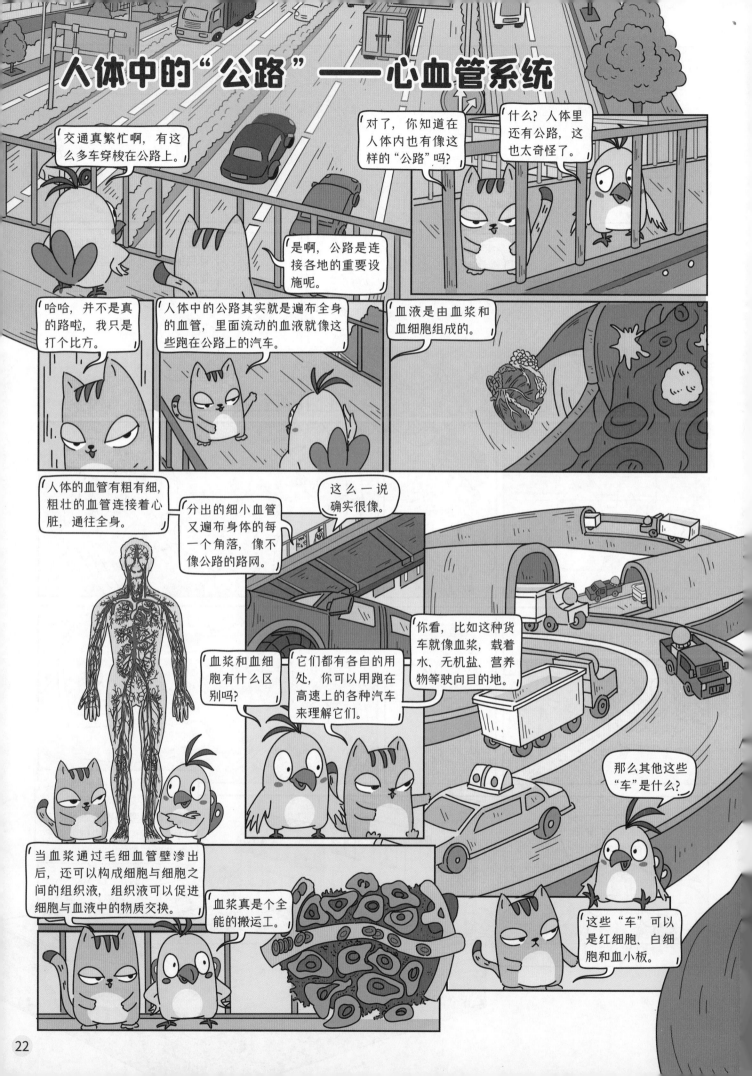

永不停歇的泵站——心脏

血管是遍布全身的运输高速路，其中的血液忙碌于搬运各种人体必需的物质。不过血液并不是靠自己的力量在这条路上奔跑的，而是依靠一个永不停息的泵站——心脏，是心脏一直推动着血液在血管中奔流。

认识一下我们的心脏

把手放在胸口左侧，你就能感受到心脏的跳动。心脏的大小与本人的拳头大小差不多，是一个中空的，由肌肉构成的器官。心脏的外形就像是桃子，有左心房、右心房、左心室、右心室四个腔。

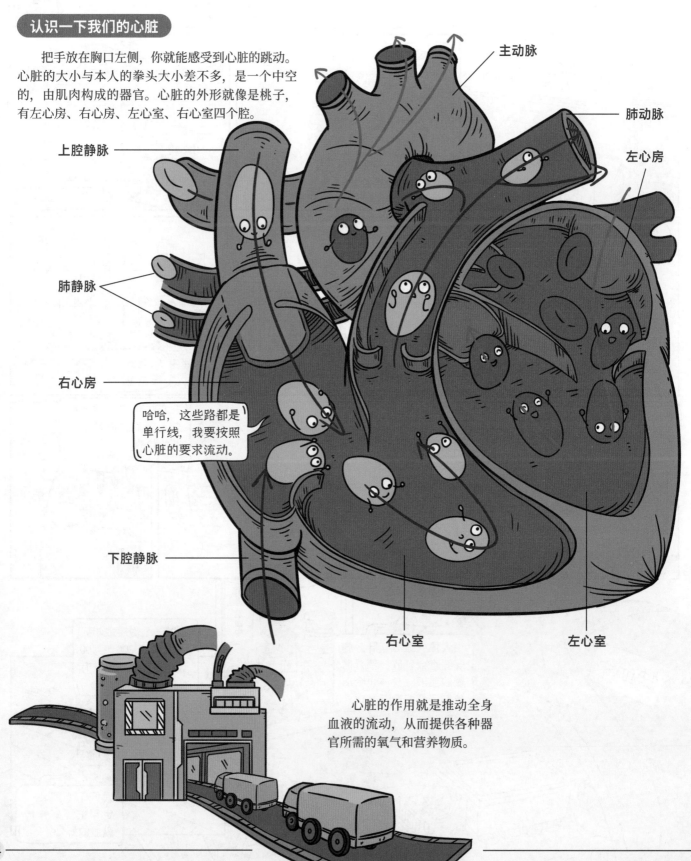

主动脉

肺动脉

左心房

上腔静脉

肺静脉

右心房

哈哈，这些路都是单行线，我要按照心脏的要求流动。

下腔静脉

右心室

左心室

心脏的作用就是推动全身血液的流动，从而提供各种器官所需的氧气和营养物质。

重要的肺循环

肺是心脏的好"邻居"，血液进行体循环前都要先进行肺循环。心脏把血液送到肺部的肺泡那里，血液可与肺泡中的空气完成氧气和二氧化碳的气体交换。肺会让血液把新鲜氧气带回心脏，同时把血液送来的二氧化碳送出体外。

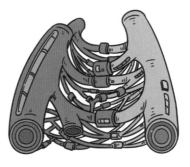

带有氧气和营养的血液从动脉流入毛细血管中，细胞在毛细血管附近进行物质交换。交换后，剩下的血液便携带着废物流入静脉。

身体中的血液体循环

心脏就像一个物流中心，连接着很多的血管，这些血管有动脉和静脉之分。与心脏相连的动脉是负责将血液带出心脏的血管，与心脏连接的静脉是负责将血液带回心脏的血管。主动脉血液中富含氧气，流经全身后给身体带来活力，静脉血液中有代谢后的废物，通过一系列生理活动后排出体外。

在我们的生命诞生伊始，心脏就在夜以继日地将血液泵向身体的各个角落，以保证人体的营养供给。在它的辛勤工作下，血液大约只需要 20 秒就可以全身循环一次。

在生命的过程中，心脏的跳动是永远也不会停歇的。一般来说，成年人心脏跳动为每分钟 50 ～ 90 次。儿童的心脏跳动速度会比成人快一些。

将废物排出体外

噗！

好臭，你别靠近我！

突然拉肚子了。

每天都上厕所真是麻烦，万一赶不及就尴尬了呢。

没有办法，排泄也是生物的必要行为之一嘛。

即使是小小的一个细胞，它也需要排出无法利用的废物。

CO_2

那高级的人类是如何排泄的呢？

二氧化碳

水

尿素

废物

无机盐

人体会产生多种废物，排泄过程也会更复杂。

比如我们之前谈过的呼吸系统，人体用它排出二氧化碳。

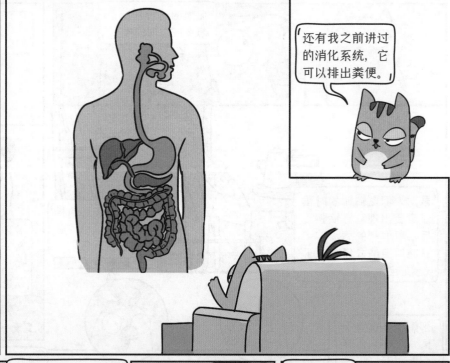

还有我之前讲过的消化系统，它可以排出粪便。

看来我肚子痛是因为消化系统出问题了呀。

说起来人类的粪便特别臭呢。

人类食物中蛋白质含量高，所以很臭。

不过你的便便也很臭啊！

人类还有其他排泄行为吗？

尿尿呀！也就是通过泌尿系统排泄。

人体的过滤器——肾脏

在人体的血液循环中有几个器官至关重要，除了为血液提供动力的心脏，以及让血液进行气体交换的肺，还有一个血液不得不去的地方，那就是肾脏。血液会在肾脏进行一次过滤，将废物留下，生成尿液，然后带着有用的物质再次回到身体的血液循环中。肾脏是如何完成这一项过滤工作的呢？让我们好好看看人体的这对过滤器吧。

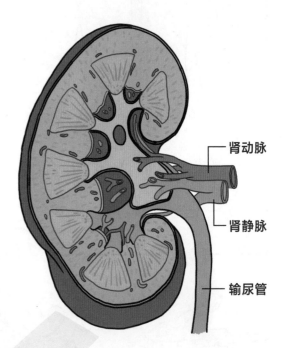

肾动脉

肾静脉

输尿管

肾脏

正常人体中有两个肾脏，分别位于身体两侧的腰部。它的外观看起来就像一颗巨大的蚕豆，上面连接着动脉、静脉和输尿管。如果你把整个肾脏看成是一间工厂，那这间工厂中有很多小车间来完成血液过滤和产生尿液的工作。这些车间在单侧肾脏中约有 80 万～120 万个，被称为肾单位。

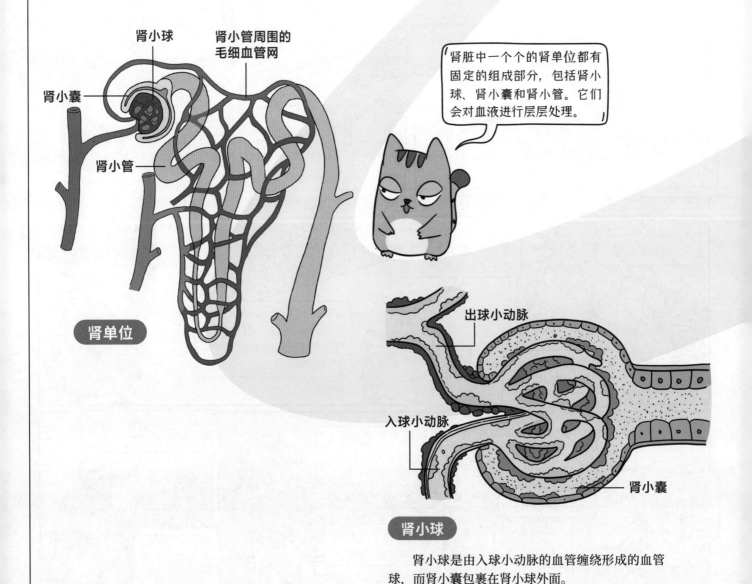

肾小球

肾小管周围的毛细血管网

肾小囊

肾小管

肾脏中一个个的肾单位都有固定的组成部分，包括肾小球、肾小囊和肾小管。它们会对血液进行层层处理。

肾单位

出球小动脉

入球小动脉

肾小囊

肾小球

肾小球是由入球小动脉的血管缠绕形成的血管球，而肾小囊包裹在肾小球外面。

当血液经过肾小球时，体积较大的血细胞和大分子蛋白质会留在血管中，而血浆中的一部分水、无机盐、葡萄糖和尿素等物质会进入肾小囊中。此时肾小囊中的液体被称为原尿，人体每天大约会产生180升原尿。

随后原尿会流经肾小管，对人体有用的葡萄糖、水、无机盐等会被重新吸收，再次回流到肾小管周围的毛细血管中。而多余的水和无机盐、尿素和尿酸就成了最终的尿液。

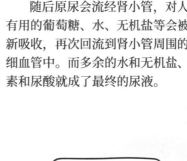

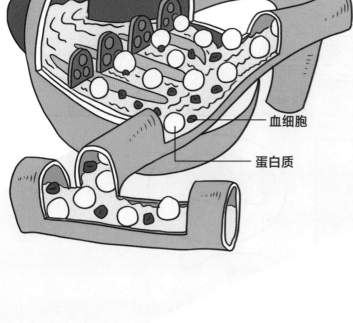

血细胞

蛋白质

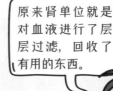

原来肾单位就是对血液进行了层层过滤，回收了有用的东西。

对，经过过滤之后，人体一天产生的尿液大概有1.5升，比原尿少了不少吧。

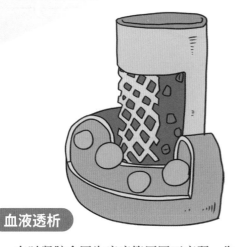

这种生活看起来好痛苦啊，没有其他办法吗？

还有移植他人健康肾脏的治疗方法，但是想找到匹配的器官很难，也许未来能研制出仿生器官吧。

血液透析

有时肾脏会因为疾病等原因而衰弱，失去过滤血液的能力。此时人体就无法正常产生尿液排出有害物质。这些有害物质会逐渐毒害人体的其他器官。科学家在研究肾脏的工作原理后，发明了人工肾脏用于血液透析。病人可以利用它，定期让血液在体外进行循环净化，来延续生命。

传递信号的通信网——神经系统

这个小说真有点吓人……

你看什么呢?

啊!

原来是你,吓死我了。

你的反应也太夸张了。

我也控制不住我自己,这是为什么呢?

这是因为神经系统对外界刺激做出了反应。

神经系统是什么?它怎么能干涉我的行动呢?

神经系统就像遍布你全身的通信网。

脑

　　脑是人类调节生理活动的最高神经中枢,它分为不同区域,分别掌控着身体运动、记忆、语言和思维等生命活动。

神经

　　有分别从脑和脊髓发出的脑神经与脊神经,它们遍布身体的各个部位,包括皮肤、肌肉和内脏等处。

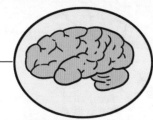

脊髓

　　脊髓能对体内或外界刺激做出规律反应,是连接脑与身体之间的联络枢纽。

以人类为例,神经系统由脑、脊髓和它们发出的神经组成。

人类的神经系统很高级,可以进行语言、思维等高级活动。

哇!

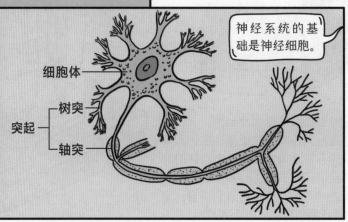

细胞体

突起 { 树突 / 轴突 }

神经系统的基础是神经细胞。

神经细胞由细胞体和突起两部分构成,突起又会有很多的分叉。

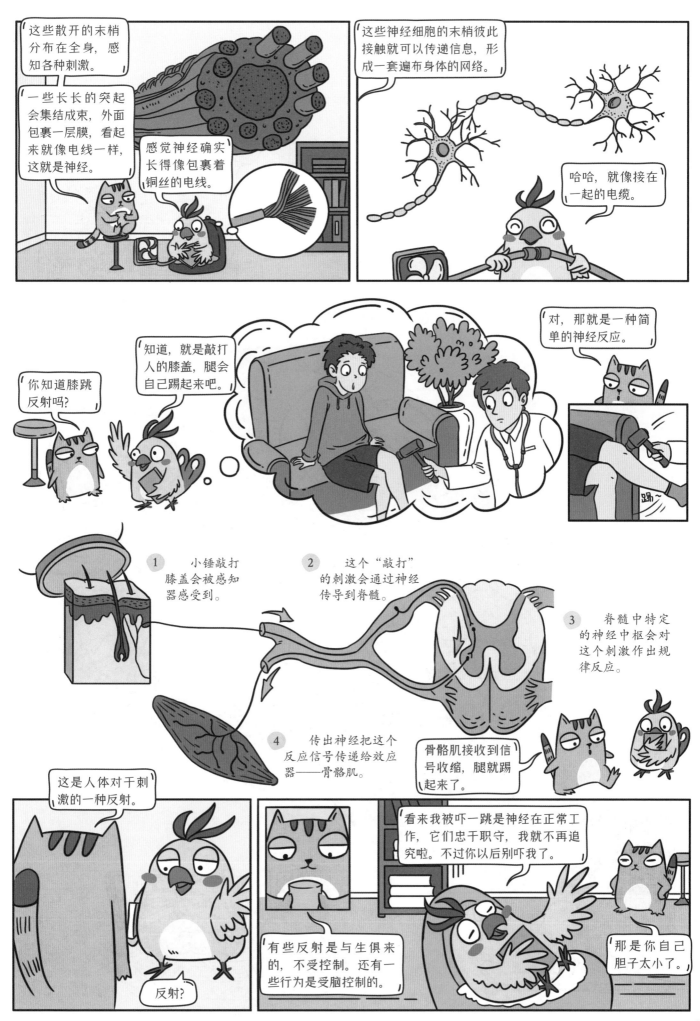

人体的指令中心——脑

人类是地球动物中最特殊的一种，因为人类有着灵敏的思维、出色的学习能力、无穷的创造力和丰富的情感。这些其他动物所不具备的能力都来自人类的一个重要器官——脑。如果我们把人体看作一部精密的机器，脑就是这部机器的指令中心，我们的一切活动以及器官的正常运作都需要遵从脑的指挥。

我们平时习惯将脑称为大脑，其实生物学中脑包括大脑、小脑和脑干等部分。经过科学研究，人们发现脑有着精细的分区，每个分区都有着自己专门的职责，控制着人体的各种活动。

大脑

它是脑最大的部分，它约有140亿个神经细胞，是掌控语言、运动和感觉等多种活动的中枢。

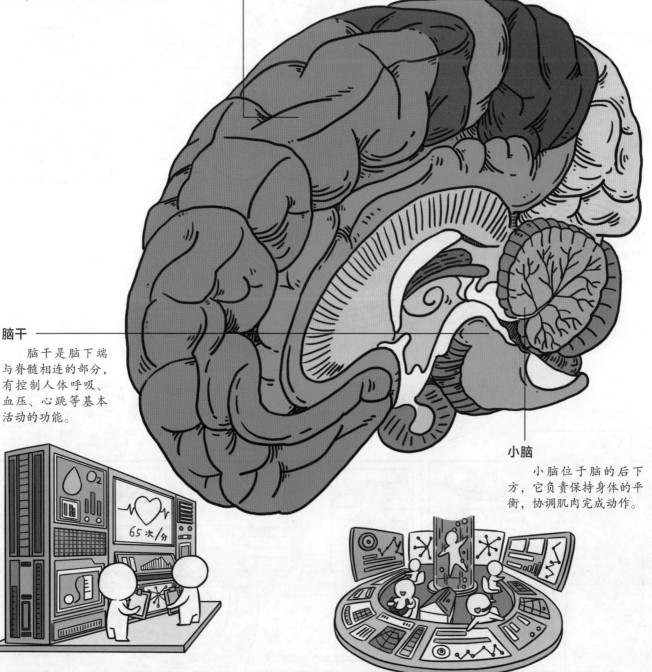

脑干

脑干是脑下端与脊髓相连的部分，有控制人体呼吸、血压、心跳等基本活动的功能。

小脑

小脑位于脑的后下方，它负责保持身体的平衡，协调肌肉完成动作。

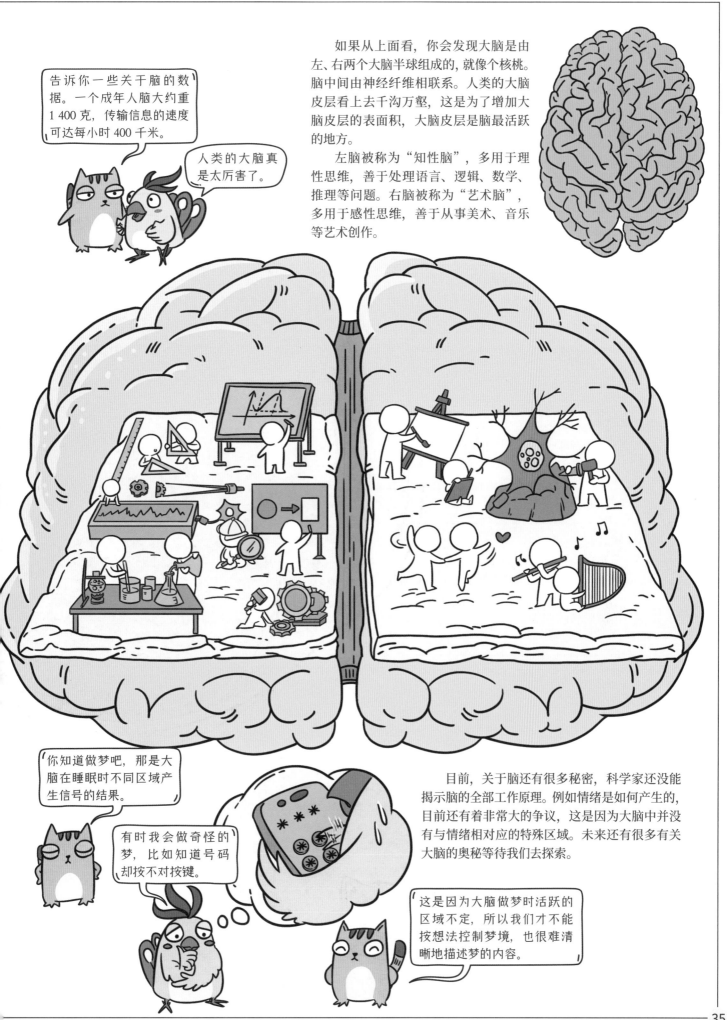

如果从上面看，你会发现大脑是由左、右两个大脑半球组成的，就像个核桃。脑中间由神经纤维相联系。人类的大脑皮层看上去千沟万壑，这是为了增加大脑皮层的表面积，大脑皮层是脑最活跃的地方。

左脑被称为"知性脑"，多用于理性思维，善于处理语言、逻辑、数学、推理等问题。右脑被称为"艺术脑"，多用于感性思维，善于从事美术、音乐等艺术创作。

告诉你一些关于脑的数据。一个成年人脑大约重1 400克，传输信息的速度可达每小时400千米。

人类的大脑真是太厉害了。

你知道做梦吧，那是大脑在睡眠时不同区域产生信号的结果。

有时我会做奇怪的梦，比如知道号码却按不对按键。

目前，关于脑还有很多秘密，科学家还没能揭示脑的全部工作原理。例如情绪是如何产生的，目前还有着非常大的争议，这是因为大脑中并没有与情绪相对应的特殊区域。未来还有很多有关大脑的奥秘等待我们去探索。

这是因为大脑做梦时活跃的区域不定，所以我们才不能按想法控制梦境，也很难清晰地描述梦的内容。

观察世界的窗口——眼睛

我们常说眼睛是心灵的"窗户"，而实际上，它是人类观察世界的"窗口"。在神经系统中，我们介绍过人类通过神经的感受器来接收外界刺激，而双眼就汇集了全身 70% 的感受器。那眼睛是如何完成这样复杂的工作的呢，来一起看看吧。

眼睛就像是一台不停工作的照相机，它不断把周围物体发出的和反射的光投射到视网膜上，让视觉神经感受到光所呈现出的像，视觉神经把信号传递给大脑，我们就看到了这个世界。

虹膜

虹膜是一种位于角膜与晶状体之间的圆环形有色素的肌性薄膜。

瞳孔

对着镜子仔细观察眼睛，你会发现在眼睛正中有一个深色的小圆孔，它就是瞳孔。

晶状体

紧靠在虹膜后面像水晶一样透明的组织，它可以随肌肉改变薄厚，从而让眼睛为远处或近处的东西聚焦，以看清物体。

角膜

角膜是眼球前端的最外层透明结构，发挥着保护眼球的作用。

光

玻璃体

在眼球中充斥着无色透明如果冻液一样的玻璃体，它可以折射光线，固定后面的视网膜。

你看我的瞳孔可以张得很大，也可以缩成一条线。猫科动物的瞳孔调节能力比人类更强，所以夜里我们可以让更多光线进入眼睛，增加夜视的能力。

好像拥有超能力呢!

夜晚　　白天

视网膜

视网膜位于眼球后端，眼球收到的光线会投射到视网膜上。视网膜上的感光细胞就可以把这些视觉信息传递给大脑。

黄斑中心凹

因为眼球内的折射，投在视网膜上的影像其实是倒立的，不过大脑接收信号时会把这些影像倒过来理解。

近视与远视

日常生活中，我们常听说有人的眼睛患有近视或者远视，这是怎么回事呢？其实，这两种情况都是因为眼球无法把影像正确地折射到视网膜上。

正常情况下，晶状体可以把光线聚焦的影像准确投射在视网膜上。

近视时，晶状体会把影像折射到视网膜前，所以视觉细胞就无法感知到清晰的像了。

远视的情况则与近视相反，晶状体会把影像投到视网膜后面的位置上，视觉细胞还是看不清东西。

佩戴眼镜可以调整光线进入眼球的角度，从而帮助晶状体聚焦光线。

还是好好保护眼睛，避免戴眼镜吧。

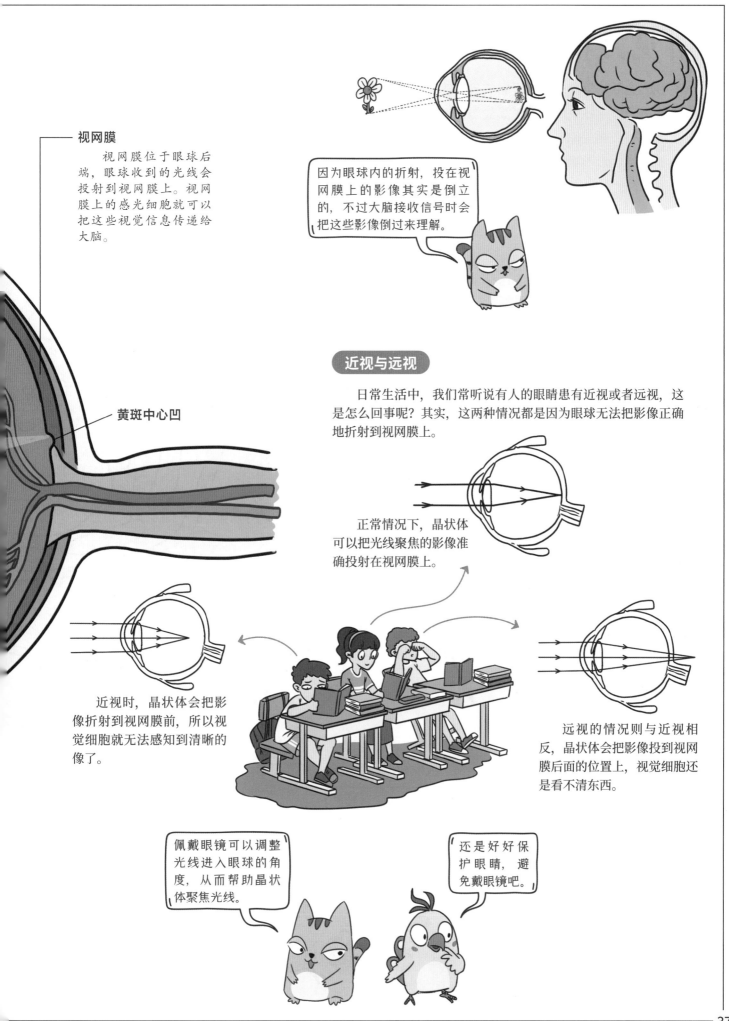

听见万物的声音——耳朵

我们生活的世界中充满了各式各样的声音，听觉是我们感知世界的另一个重要手段。为了享受声音，人类还创造了音乐。人类是怎样听到声音的呢？也许你会回答用耳朵。其实，耳朵只是人类听觉器官的组成部分，声音传递到大脑还要经过好几个步骤。接下来我们一起看看人类是如何听到声音的吧。

听到声音的原理

你知道吗？声音的本质是振动。物体振动才会发出声音，我们听到的声音都是通过空气等介质把声音传达到听觉器官的。所以，我们的听觉器官实际上包括一套收集和传导振动的结构。这些振动最终会传达到听觉神经，再由听觉神经传递给大脑。

耳郭

耳郭其实就是我们平时看到的耳朵。它大大的造型有助于收集从外界传来的声波。

你看三角铁只有在振动时才会发出声音。

嗯，按住它后声音就停止了。

叮

外耳道

声波进入耳朵后，首先就要通过外耳道。外耳道长约 2.5 厘米，直通里面的鼓膜。

在外耳道上分布着纤毛，它们可以防止异物进入外耳道深处。

注意控制音量，保护耳朵的听力

我们的耳朵是非常敏感的器官。如果我们听到的声音过大就会损伤耳朵。如耳蜗内的绒毛一旦受损，我们的听力就会下降。

耳蜗内的绒毛无法再生，所以听力损伤是不可逆的，听音乐时把声音调小一点吧。

我明白了，以后周围太吵我也不盲目加大耳机音量了，找一个安静的地方再享受音乐。

为什么有人会晕车?

一些人在乘坐交通工具时，半规管会因受到过多的晃动而紊乱，让大脑接收很多信息并产生混乱，人就会产生晕车的不适感。

耳蜗

听小骨的振动会传递到耳蜗。耳蜗是一个外形类似蜗牛壳的管状组织，在其内部装有液体。这些液体振动时会刺激耳蜗内壁上细小的绒毛。神经细胞把这些绒毛感受到的刺激转化为信号传递给大脑，产生听觉。

听小骨是人体最小的骨头哦。

鼓膜

鼓膜是位于外耳道末端的一层薄膜。声波传递进来后会引起鼓膜的振动。

半规管

在耳蜗上面有三个相互垂直的环状管，它们就是半规管。半规管中装有液体，它可以帮助身体保持平衡。

锤骨

听小骨

听小骨是位于鼓膜后面的一组小骨头，包括锤骨、砧骨、镫骨，鼓膜的振动会引起它们的振动。

砧骨

镫骨

感受多样的气味——鼻腔

天气真好啊，太适合野餐了。

刚才你还不想出来呢!

我准备的午饭闻起来也很美味呢。

大家是怎么闻到香味的呢? 感觉有点神奇。

因为我们有可以感受嗅觉的器官，它能对气味产生反应。

气味其实是由带有味道的微粒产生的。它们太小了，肉眼是看不到的，但是嗅觉器官却能感知到它们。

嗅觉器官可真厉害，鼻子就是嗅觉器官吗?

我们熟悉的一些动物是用鼻子来感受气味，不过并不是所有的动物都如此，比如有的昆虫就用触角来感受气味。

鼻腔? 是鼻孔里面吗?

准确来说，人类感受嗅觉的地方位于鼻腔的内部。

上鼻甲
鼻腔
中鼻甲
下鼻甲

鼻咽

鼻前庭

鼻后孔

鼻腔是一个顶部窄但是底部较宽的狭长腔隙，从鼻孔前端开始一直到鼻后孔，鼻腔与鼻咽部是相通的。

被激素影响的人类

好像人类的头发样子还挺丰富的吧？

是啊，颜色就有很多种呢，黑色、金色、红棕色等。

是不是形状也有不同呢？

头发的形状可以分为直发、波浪发和卷发三种。

波浪发
直发
卷发

头发形状与头发的横断面有关。横断面是圆形的头发往往是直发。

横断面是椭圆形的头发往往是波浪发。横断面扁平的头发往往生成卷发。如果头发是以倾斜的角度从皮肤长出，也会成为卷发。

哈哈，真有趣，那人类的头发有什么用吗？

头发可以保护头部的呀。

人体还有类似头发这种有趣的身体结构吗？

那大概是……指甲吧。

甲根部

甲床

指甲的主要成分是角质蛋白，可以保护手指。

指甲的生长包括甲根部的甲基质细胞增生、角化，以及越过甲床向前移动的过程。

甲床以及甲根部有着很丰富的血管，会为指甲提供营养。所以指甲可不能剪得太短，露出甲床可是会使甲床受伤、发炎的。

感觉好疼啊，还是好好爱护指甲吧！